Fern Green 著

Deidre Rooney 攝影

・圖解植物系・
高蛋白
能量食譜

積木文化

目錄

前言

蛋白質、碳水化合物與脂質都是人體所需的主要養分。就算食用的肉類能夠為我們帶來許多蛋白質，存在於植物中的蛋白質也可為健康帶來極大益處。無論您是蛋奶素者、純素者，或是您正想減少肉食，本書都能讓您滿懷信心地將植物系蛋白增添到飲食計畫中。

何謂蛋白質？

蛋白質由二十二種氨基酸所組成，這些氨基酸主要參與人體各種酶、荷爾蒙、抗體以及新組織的生成，扮演維持皮膚、肌肉、筋腱、軟骨組織、頭髮與指甲等方面健康的重要角色。

氨基酸分成兩大類：源自於食物的「必需氨基酸」與人體可自行製作的「非必需氨基酸」。幾乎所有未變形或未精製的食物均含有蛋白質，這些蛋白質蘊含著數量不等的氨基酸，正因如此，您的飲食計畫才需要多樣化。

蛋白質的類型

動物性蛋白質

源自於動物（家禽、家畜、魚、蛋、奶製品）的蛋白質，蘊含著人體所需的所有必需氨基酸。

植物性（綠色）蛋白質

源自於植物的蛋白質含有許許多多的氨基酸，但沒有任何一種植物性蛋白質蘊含全部的氨基酸。我們可在麥類、鮮豆、乾豆、穀類、種籽、油質堅果與大豆製品中找到蛋白質，因此需要結合各種不同的蔬食蛋白質，以組建出人體所必需的氨基酸完整系列。

為何要食用植物系蛋白？

源自動物的產品確實是好的蛋白質來源。但糟糕的是，這些產品同時也富含飽和脂肪與膽固醇，更何況，我們還經常使用奶油這樣的油性物質去提升某種動物產品的風味。植物性蛋白質油脂含量少且富含纖維，具有多種維他命、礦物質，以及對改善免疫功能相當有幫助的植化素，尤其還能預防癌症、降低膽固醇與血糖值。

本書所建議的這些美味食譜，在在顯示多樣化蔬食能提供您充足的蛋白質，確保您飲食均衡。

綠豆

花豆

小扁豆

白腎豆與大紅豆

鷹嘴豆

小紅豆

小豌豆

最優的植物系蛋白

鷹嘴豆

每 100 公克含有 8.86 克的蛋白質

可購買乾燥豆、煮熟豆或豆粉。乾豆先泡水 12 小時，再用滾水煮 30 至 40 分鐘。

健康益處：富含纖維，可降低膽固醇與心臟疾病的風險。

小豌豆

每 100 公克含有 25 克的蛋白質

用滾水煮 20 分鐘至 1 小時。

健康益處：有效穩定血糖值，並富含纖維。

小扁豆

每 100 公克含有 6 克的蛋白質

烹煮 10 至 40 分鐘。

健康益處：富含鎂與纖維，有助消化。

白腎豆與大紅豆

每 100 公克含有 22.3 克與 24 克的蛋白質

這類豆子富含澱粉、蛋白質與纖維，乾燥豆或煮熟豆均有售。

健康益處：有助於穩定血糖值，富含抗氧化物，保護肌膚。

花豆

每 100 公克含有 23 克的蛋白質

請先泡水 12 小時，瀝乾水分後，用滾水煮 1 小時。

健康益處：有助於穩定血糖值，含大量的維他命 B、鐵、鉀與鋅。

小紅豆

每 100 公克含有 7.3 克的蛋白質

請先泡水 2 至 12 小時，瀝乾水分後，用滾水煮 1 小時。

健康益處：有助於改善消化作用，穩定膽固醇值，降低乳癌的風險。

綠豆

每 100 公克含有 23.86 克的蛋白質

這些原產於印度的豆子通常需先浸泡，再以滾水烹煮 45 分鐘。

健康益處：這種豆子富含纖維，因此有助於減重，還能降低膽固醇。

蠶豆

每 100 公克含有 7.9 克的蛋白質

無論乾燥或新鮮豆，最好購買「去殼」（去豆莢）蠶豆。先泡水 12 小時，瀝乾水分再煮 40 至 60 分鐘。

健康益處：是獲取鐵質與葉酸（B9）非常棒的來源，同時油脂含量低、富含蛋白質與膳食纖維。

藜麥

種籽與油質堅果

豆漿

豆腐

天貝

毛豆（青嫩黃豆）

藜麥

每 100 公克含有 8 克的蛋白質

大部分穀類蛋白質含量都不高，但這種原產自南美洲的穀物，原則上就是一顆種籽，含有九種人體生長與再生的必需氨基酸。用平底煎鍋乾炒數分鐘，再以每 300 公克的藜麥添加 675 c.c. 液體的比例，烹煮 15 分鐘，直到藜麥膨脹並裂開。

健康益處：藜麥富含纖維與鐵質，也含有人體組織生長與再生時所需的賴氨酸（lysine）。

毛豆

每 100 公克含有 10.88 克的蛋白質

新鮮毛豆和其他豆類一樣，擁有高含量的碳水化合物、維他命鎂、纖維與葉酸。在毛豆上撒點兒鹽直接食用，或拌入沙拉與米食料理中均可。

健康益處：富含纖維的毛豆，不僅能夠激活免疫系統，同時還富含對強壯骨骼成長相當有益處的鎂。

天貝

每 100 公克含有 18 克的蛋白質

在酥炸與拌入沙拉、三明治和回味湯之前，我們通常會先浸泡與醃漬。

在料理中，天貝常被用來取代肉類食材。

健康益處：降低膽固醇值。

豆漿

每 100 公克含有 2.86 克的蛋白質

豆漿，是經由浸泡大豆，再與水一起研磨而成，在亞洲非常受歡迎。可取代牛奶，因為它擁有相同比例的蛋白質，但飽和脂肪低，而且不含膽固醇。

健康益處：降低膽固醇值。

豆腐

每 100 公克含有 8 克的蛋白質

又名為大豆乳酪。豆腐因成分比例不同而有不同的硬度：由軟嫩至板硬。往往非常需要用香料和鹽來提味，通常以煨煮的方式料理，或以油炸的方式讓豆腐變得酥脆。

健康益處：降低膽固醇值。

種籽與油質堅果

每 100 公克含有 20 至 30 克的蛋白質

富含蛋白質、葉酸與纖維等營養素，以及維他命鎂和礦物質硒。

健康益處：富含對心臟有益的油脂，能添加活力，含有多種強勁的礦物質。

發芽的程序

抓兩把堅果、種籽或豆類，放入一只沙拉盆中，淋上等量的水，依照下頁表格所指示的時間或以隔夜方式加以浸泡。

隔天，細心清洗豆子，並挪至另一只乾淨的沙拉盆中。以沾水濕潤的餐用紙巾覆蓋，每日清洗豆子，直到冒芽，此過程可能需 2 至 4 天。

當冒出的芽長達 2.5 公分，代表芽已成熟。放入冰箱冷藏，隨時能吃，可伺機撒點兒在沙拉上入菜。

發芽的植物系蛋白

堅果、種籽、穀類與豆類的營養值會因為發芽而有所變化。發芽後所含的酶甚至會比原始狀態高出 100 倍之多，因此能讓您的飲食增添許多礦物質與維他命。可發芽產品的名單範圍廣大，從藜麥到綠豆都有，還涵蓋了苜蓿、葵花籽、小紅豆與小扁豆。請注意：核桃不會發芽。

以下表格簡單扼要列出浸泡與發芽時間如下：

食物名稱	浸泡時間 （以小時計）	發芽時間 （以天數計）
杏仁	10	3 天（在純天然狀態下）
高拉山小麥（blé khorasan）	7	2 至 3
南瓜籽	8	3
蘿蔔籽（萊菔子）	8 至 12	3 至 4
芝麻	8	2 至 3
葵花籽	8	12 至 24 小時
小麥仁	7	3 至 4
小紅豆	10	4
綠豆	8 至 12	4
黑豆	10	3
小扁豆	7	2 至 3
小米	5	12 小時
大麥	6	2
鷹嘴豆	8	2 至 3
藜麥	4	2 至 3
菰米（Riz sauvage）	9	3 至 5
蕎麥（sarrasin）	6	2 至 3

設計個人專屬的植物系蛋白菜單

下列指引絕不是嚴格的規則，而是藉此協助您創造一些非常個人化口味與口感的菜色。首先，挑選您的植物性蛋白質，然後選定您喜歡的菜色類型，再依自己喜好補充幾樣蔬菜，隨後選擇口味風格，看您想要來點地中海風格，還是帶點勁辣口味，加一、兩種香菜細末來提味，最後添些酥脆口感的食材，為餐點留下一抹餘韻。

I. 挑選一種植物性蛋白質			2. 挑選一種菜色類型	3. 挑選一些蔬菜
穀類	豆類	大豆製品		
藜麥	鷹嘴豆	毛豆	前菜	朝鮮薊
布格麥	小豌豆	天貝	三明治	蘆筍
斯佩爾特小麥	蠶豆	豆漿	開胃小點	茄子
糙米	小扁豆	豆腐	湯品	酪梨
大麥	白腎豆		沙拉	甜菜根
粗粒小麥粉	大紅豆		熱主菜	甜菜
（全麥）	花豆		醬汁菜	綠花椰菜
	小紅豆			紅蘿蔔
	綠豆			西芹
				塊根芹
				蘑菇
				高麗菜
				白花椰菜
				羽衣甘藍
				小黃瓜
				南瓜
				菠菜
				茴香
				萵苣
				甜玉米
				歐防風
				馬鈴薯與番薯
				圓青豌豆
				荷蘭豆
				甜椒
				番茄

4. 加一種調味、醬汁或另一種口味		5. 添一些新鮮香草食材	6. 增添不同的口感
鹹 / 辣	甜 / 酸	香草食材	堅果、種籽與發芽食物
地中海風 刺山柑 菲達乳酪 大蒜 鯷魚 橄欖 帕馬森乳酪 **亞洲風** 味噌 黃豆 昆布 紅辣椒或青辣椒 韓式泡菜 黑胡椒粒或粉紅胡椒粒 **中東風** 鹽漬檸檬 橄欖 哈里薩辣醬 中東芝麻醬	**地中海風** 黃檸檬 葡萄乾 巴薩米克酒醋 蜂蜜 / 楓糖 **亞洲風** 味醂 米醋 **中東風** 椰棗 原味優格 石榴糖蜜 黃檸檬 蜂蜜 / 楓糖	**地中海風** 百里香 奧勒岡葉 馬鬱蘭 羅勒 薄荷 迷迭香 細香蔥 香芹 蒔蘿 **亞洲風** 芫荽（香菜） 香芹 九層塔 薄荷 **中東風** 香芹 薄荷 蒔蘿	**地中海風**　芽菜 杏仁　　　小扁豆 松子　　　芽、豆芽 核桃、榛　菜 果　　　　與藜麥胚 開心果　　芽 亞麻籽 大麻籽 南瓜籽 **亞洲風** 花生 巴西堅果 腰果 椰仁 美洲山核桃 芝麻 葵花籽 奇亞籽 **中東風** 杏仁 榛果、核桃 芝麻

開胃小點
與前菜

可邊走邊吃、在家與好友分享的色彩繽紛
小點心上場囉！
油炸鷹嘴豆丸子、普切塔、披薩、捲餅和
各式薄餅通通都有！

碧綠鷹嘴豆泥 ● 蔬食餅排 ● 孟買風味小點

綠魚子醬風味普切塔 ● 日式芝麻紅豆捲

烤毛豆 ● 蔬菜捲 ● 中東風味油炸鷹嘴豆丸子

布利尼薄餅 ● 花豆普切塔 ● 墨西哥捲餅

蔬食春捲 ● 墨西哥薄餅 ● 綠披薩

碧綠鷹嘴豆泥

4 人份 — 製作時間 25 分鐘至 1 小時 25 分鐘，浸泡時間 1 夜

食材

乾燥鷹嘴豆 250 公克或罐頭鷹嘴豆 800 公克

小蘇打粉 1 茶匙 • 去皮、切成 4 塊備用的馬鈴薯 1 小顆

菠菜 5 小把 • 紫洋蔥 1 小顆

烤過後磨成粉備用的芫荽籽 1 茶匙

黃檸檬皮細末與果汁 1 顆份量 • 鹽與胡椒 • 特級初榨橄欖油 180 c.c.

油菜籽油或花生油 60 c.c.

切成薄片備用的嫩青蔥 1 根

若您使用的是乾燥的鷹嘴豆，請先用小蘇打水浸泡 1 夜。

瀝除小蘇打水後，放入水中煮至沸騰，再以微滾火候續煮 1 小時。

放入馬鈴薯塊，續煮 10 分鐘後瀝乾水分。

把鷹嘴豆、馬鈴薯、菠菜、紫洋蔥、芫荽籽、檸檬皮細末與半量的檸檬汁放入
食物調理機中磨成泥狀。加入 1 茶匙鹽與兩種油，研磨均勻。

加入剩餘檸檬汁，讓鷹嘴豆泥的質地變得柔滑順口。必要時加以調味。

撒上嫩青蔥薄片。

蔬食餅排

4 人份 — 製作時間 40 分鐘，冷藏時間 1 小時

食材
菠菜葉 2 小把 • 蒜泥 1 瓣量 • 煮熟藜麥 200 公克
蛋 1 大顆 • 帕馬森乳酪絲 60 公克 • 匈牙利紅椒粉 1 茶匙
孜然粉半茶匙 • 孜然籽半茶匙
橄欖油 2 湯匙 • 黃檸檬汁 1 顆份量 • 鹽與胡椒

檸香優格醬：原味優格 100 c.c. • 黃檸檬汁 1 湯匙
細香蔥末 1 茶匙 • 香芹末 2 茶匙

用橄欖油將菠菜炒熟，直到菠菜失去碧綠色澤。

把餅排的全部食材與菠菜拌勻，加以調味，混合攪拌後，放入冰箱冷藏 1 小時。

將食材塑成 4 顆餅狀，雙面各油炸 4 分鐘。

把優格醬食材拌勻，加鹽與胡椒，佐以餅排上桌。

孟買風味小點

4 人份 — 製作時間 l 小時 20 分鐘，浸泡時間 l 夜

食材

乾燥蠶豆 300 公克 • 特級初榨橄欖油 130 c.c. • 花生油 40 c.c.
切成細絲備用的紫洋蔥 1 顆 • 大蒜末 2 瓣量
孜然粉半茶匙 • 芫荽粉半茶匙
卡宴紅椒粉 ¼ 茶匙 • 120 c.c. 黃檸檬汁
去籽且粗切成碎丁備用的中型番茄 2 顆
切成細末備用的嫩青蔥 3 根 • 鹽與胡椒 • 薄荷葉末 1 湯匙
芫荽（香菜）末 1 湯匙

酥脆洋蔥：切成細絲備用的紫洋蔥 1 顆
黃芥末籽 1 茶匙

將蠶豆浸泡 1 夜。瀝乾水分後洗淨。剝除蠶豆硬殼膜，放入水中，煮至沸騰，以微滾火候續煮 30 分鐘。瀝乾水分，放置備用。

用兩湯匙的橄欖油酥炸紫洋蔥絲、蒜末與香料食材 2 分鐘。再混入蠶豆並壓碎。放入檸檬汁、40 c.c. 橄欖油、花生油、番茄丁與青蔥末，續煮 2 分鐘，加鹽與胡椒後，再放入提香食材細末。

用剩餘的橄欖油酥炸紫洋蔥細絲與黃芥末籽，5 分鐘內入鍋酥炸四次。

將洋蔥細絲放至餐巾紙上瀝除油分。上菜前，把洋蔥絲擺放至蠶豆料理上。

綠魚子醬風味普切塔

2 人份 — 製作時間 25 分鐘

食材

煮熟的勒皮扁豆 100 公克 • 手摘菠菜嫩葉或芝麻菜 1 小把

手摘羅勒葉 1 小把 • 平葉西芹細末 1 湯匙 • 蒜泥 1 瓣量

黃檸檬半顆＋佐餐用黃檸檬半顆 • 希臘優格 100 c.c. • 鹽與胡椒粉

切成粗粒備用的烤松子 30 公克

特級初榨橄欖油 30 c.c. • 以天然酵母烘焙而成的熱烤麵包片 2 片

帕馬森乳酪絲 10 公克（非必備）

把小扁豆、菠菜葉、羅勒葉、西芹與蒜泥拌勻；榨取半顆檸檬汁與優格拌勻。

加入足量的鹽與胡椒粉，拌入松子碎粒。

將所有食材平均分配擺放至麵包片上。

淋上橄欖油。若您喜歡，也可撒點帕馬森乳酪絲。

最後將剩餘的檸檬汁淋上。

日式芝麻紅豆捲

4 人份 — 製作時間 2 小時 5 分鐘，浸泡時間 1 夜

食材

小紅豆 185 公克 • 不甜白酒 2 湯匙 • 麻油 1 湯匙＋塗抹用量

• 5 公分長的乾海帶芽 5 片

插上 2 顆丁香的中型洋蔥 1 顆 • 大蒜 4 瓣

5 公分長、磨泥備用的生薑 1 塊 • 整支曬乾的紅辣椒 2 根

月桂葉 2 片 • 醬油 1 茶匙 • 切成粗末備用的嫩青蔥 4 根

• 鹽 1 小撮 • 黑胡椒粉 1 茶匙

麵包粉 90 公克 • 烤芝麻 120 公克

醬汁：溜醬油 90 c.c. • 米醋 2 茶匙 • 麻油 1 湯匙

烤芝麻油 1 湯匙 • 楓糖 1 湯匙 • 卡宴紅椒粉半茶匙

蒜泥 1 瓣量 • 長 2.5 公分、磨泥備用的生薑 1 塊

浸泡小紅豆 1 夜。瀝乾水分後洗淨。將小紅豆連同 1 公升水、白酒、油、海帶芽、洋蔥、大蒜、薑泥、辣椒與月桂葉一起放入湯鍋中，煮至沸騰，再以微滾火候烹煮 1 小時。瀝乾水分後，取出蔬菜食材，只留小紅豆在鍋中，加入醬油。預熱烤箱至 200℃。把小紅豆與青蔥粗末、鹽、胡椒與麵包粉拌勻。將紅豆泥捲成香腸狀，以麻油略微塗抹表面，讓外層裹上芝麻粒。把紅豆捲送入烤箱，烘烤 20 分鐘。將醬汁食材與 90 c.c. 水拌勻加熱。以醬汁佐紅豆捲一起上桌。

烤毛豆

4 人份 — 製作時間 30 分鐘

食材

毛豆（青嫩黃豆）300 公克 • 橄欖油 2 茶匙
醬油 1 茶匙 • 黑芝麻 1 茶匙 • 白芝麻 1 茶匙

每份含
9 g
蛋白質

預熱烤箱至 230℃，把烘焙紙鋪在烤盤上。

將毛豆、橄欖油與醬油拌勻。

把毛豆平鋪在烤盤上，送入烤箱烘烤 12 至 15 分鐘。

再將芝麻撒在毛豆上，續烤 5 分鐘。

注意不要把芝麻烤焦了！

烤盤出爐放涼，讓毛豆降溫至可直接用手拿取，食用莢內豆子。

蔬菜捲

4 人份 — 製作時間 35 分鐘

食材

新鮮柳橙汁 120 c.c. • 5 公分長、去皮、磨泥備用的生薑 1 塊
醬油 1 茶匙 • 味醂 1 湯匙 • 楓糖 1 茶匙
芫荽粉 1 小撮 • 蒜泥 1 瓣量
切成小棒備用的天貝 140 公克 • 橄欖油 1 湯匙
切成細絲備用的紅蘿蔔 1 根 • 蘿蔓萵苣葉 8 小片
切成細末的芫荽（香菜）1 把 • 青檸檬半顆

把橙汁、薑泥、醬油、味醂、楓糖、芫荽粉、蒜泥放入沙拉盆中拌勻，備用。

以橄欖油香煎天貝 5 分鐘，加入紅蘿蔔絲，續煎 4 分鐘。

將橙汁醬倒入煎鍋中，以微滾火候煮 10 分鐘。

再把天貝、紅蘿蔔絲平均放至蘿蔓萵苣葉上，撒上芫荽末。

上桌前，淋上些許青檸檬汁。

中東風味油炸鷹嘴豆丸子

12 至 15 塊豆餅 — 製作時間 40 分鐘

食材

用餐叉戳些小洞的番薯 4 顆 • 罐頭裝、瀝乾水分後洗淨的鷹嘴豆 400 公克
鷹嘴豆粉 2 湯匙 • 孜然粉 1 茶匙 • 芫荽粉 1 茶匙
匈牙利煙燻紅椒粉 2 茶匙 • 黃檸檬皮刨絲與黃檸檬汁 1 顆份量
鹽與胡椒 • 帕馬森乳酪絲 40 公克 • 橄欖油 2 湯匙
切成細末備用的薄荷 1 小把 • 原味優格 100 c.c.

將番薯放入微波爐，以 850 瓦功率加熱 10 分鐘。放涼後，挖取番薯肉，和鷹嘴豆、豆粉、香料、檸檬皮絲、鹽與胡椒放入食物研磨機中，攪拌後捏成小橢圓丸子狀。

把胡椒粉撒在現磨帕馬森乳酪粉中，再放入小丸子滾動沾黏；接著放入橄欖油中炸 4 至 6 分鐘，直到小丸子呈金黃色澤，撈起放至餐巾紙上瀝乾油分。

將檸檬汁與原味優格拌勻，與油炸小丸子一同擺盤上桌。

布利尼薄餅

約 15 個小薄餅 — 製作時間 35 分鐘

食材

鷹嘴豆粉 90 公克 • 鹽 ¾ 茶匙 • 蛋 1 大顆

白脫牛奶（或酪漿）120 c.c. • 特級初榨橄欖油 30 c.c.

黑芝麻 1 湯匙 • 黃芥末籽半茶匙 • 橄欖油半湯匙

薄荷優格醬：切成粗末備用的薄荷 2 小株 • 原味優格 100 c.c.

切成細末備用的青辣椒一根 • 切成小丁備用的紫洋蔥 1 顆

把鷹嘴豆粉、鹽、蛋、再加 120 c.c. 的水、白脫牛奶、特級初榨橄欖油、芝麻
與黃芥末籽一起拌打成光滑麵糊。靜置 15 分鐘後再次攪拌。

混合拌勻薄荷醬優格食材，放置備用。

平底煎鍋加熱橄欖油，舀入 1 湯匙麵糊，隨即在旁放入另 1 湯匙麵糊，雙面各
煎 1 至 2 分鐘，直到餅變得略微金黃，再放至吸油餐巾紙上。重複煎製到麵糊
用完。

搭配薄荷優格醬一起擺盤上桌。

花豆普切塔

2 人份 — 製作時間 1 小時 15 分鐘，浸泡時間 1 夜

食材
乾燥花豆 90 公克 • 大蒜 2 至 3 瓣 • 西芹 1 根
對半切開備用的紫洋蔥半顆 • 成熟番茄 1 顆
特級初榨橄欖油 40 c.c. • 鹽與胡椒 • 鼠尾草 4 大片
魯邦種天然酵母麵包 2 片

每份含 **5.9 g** 蛋白質

花豆浸泡 1 晚,瀝乾水分後洗淨。將花豆、大蒜 1 瓣、西芹、洋蔥與番茄一起放入湯鍋中,以水淹沒,加入 2 湯匙橄欖油,蓋上鍋蓋,煮至沸騰後,以微滾火候續煮 30 分鐘,掀開鍋蓋,續煮 30 分鐘;必要時,加入 125 至 225 c.c. 的水,避免乾燒。取出西芹、洋蔥與番茄,加入鹽與胡椒。

用 1 湯匙橄欖油香煎鼠尾草葉,直到鼠尾草葉變得酥脆,放置備用。

以燒烤架熱烤麵包片,用剩餘的蒜瓣摩擦塗抹麵包表面,在麵包片上鋪滿熟花豆,淋上剩餘的橄欖油,再把酥脆的鼠尾草葉擺至花豆層上。

墨西哥捲餅

2 人份 — 製作時間 30 分鐘，醃漬時間 20 分鐘

食材

切成小方塊備用的天貝 125 公克 • 切成細絲備用的紅蘿蔔 1 根
切成細絲備用的西芹半根 • 去皮、切成小片備用的小型柳橙半顆
去籽、切成細條備用的紅甜椒半顆 • 鹽與胡椒
墨西哥小麥薄餅皮 2 片 • 菠菜葉 1 小把

醃漬醬汁：辣椒粉 1 茶匙 • 蜂蜜 1 茶匙
黃檸檬汁 2 湯匙 • 匈牙利煙燻紅椒粉 1 茶匙
橄欖油 2 湯匙

調味醬汁：中東芝麻醬 2 湯匙
檸檬醋 2 湯匙 • 蜂蜜 1 茶匙

拌勻醃漬醬汁的食材，放入天貝，醃漬 20 分鐘。

拌勻調味醬汁的食材，放入紅蘿蔔絲、西芹絲、甜椒條與柳橙薄片，加鹽與胡椒。

將天貝連同醃漬醬汁一起煎煮 2 分鐘。

在墨西哥薄餅上鋪一層菠菜，再鋪上蔬菜食材，最後放入天貝。

捲起薄餅，切成兩塊。上菜囉！

蔬食春捲

8 捲 — 製作時間 45 分鐘，醃漬時間 5 分鐘

食材

切成 0.5 公分見方小棍備用的天貝 115 公克 • 越南春捲皮 8 張
刨成絲備用的大紅蘿蔔半根 • 手撕成片的結球萵苣 25 公克
切成絲用的黃瓜 ¼ 根 • 毛豆（青嫩黃豆）25 公克
豆芽菜 20 公克 • 薄荷葉、羅勒葉與芫荽（香菜）數片

———————

醃漬醬汁：醬油 1 湯匙 • 麻油半湯匙
泰式是拉差香甜辣椒醬半茶匙 • 植物油半湯匙

———————

沾醬：蒜泥 2 瓣量 • 去籽、切成細末備用的紅辣椒半根
蜂蜜 2 茶匙 • 青檸檬汁 1 顆份量
魚露 3 湯匙

將醃漬醬汁的所有食材拌勻，放入天貝浸漬 5 分鐘，再把天貝與醬汁一起放入平底煎鍋以大火速煎。

將越南春捲皮放入裝有溫水的沙拉盆中泡軟，一次可同時浸泡 2 至 3 張春捲皮。把春捲皮從水中取出，略微晾乾。

把天貝棍、蘿蔔絲、萵苣片、黃瓜絲、毛豆、豆芽菜與數片香草食材擺放在春捲皮的中央位置，餅皮沿著菜料捲起，捲起過程中陸續折起雙邊。

再把沾醬的食材拌勻，和春捲一起擺盤上桌。

墨西哥薄餅

4 人份 — 製作時間 15 分鐘

食材

板豆腐 240 公克 • 切成細末備用的紫洋蔥 1 顆

辣椒粉半茶匙 • 植物油 1 湯匙

切成細末備用的青辣椒 1 根 • 去籽、切成小丁備用的番茄 1 顆

菠菜嫩葉 1 小把 • 墨西哥玉米餅皮 4 張

切成粗末備用的芫荽（香菜）葉 1 小把

每份含
6.3 g
蛋白質

壓碎豆腐。把洋蔥末與辣椒粉放入油中香煎 2 分鐘。

放入青辣椒末與番茄丁續煎 1 分鐘，放入豆腐，再煎 2 分鐘，然後加入菠菜葉，續煮至菠菜失去鮮綠光澤。

用微波爐加熱墨西哥玉米餅皮 10 秒鐘，再將豆腐糊平均擺放至餅皮上，最後撒上芫荽葉末。

綠披薩

4 人份 — 製作時間 30 分鐘

食材

鷹嘴豆粉 120 公克 • 特級初榨橄欖油 1 湯匙半＋澆淋用量
帕馬森乳酪粉 40 公克 • 百里香葉 1 湯匙 • 手摘羅勒葉 1 湯匙
鹽與胡椒 • 切片備用的義大利布法羅水牛莫扎瑞拉乳酪一球
芝麻菜盤飾用量

腰果青醬：腰果 150 公克 • 新鮮羅勒葉 1 小把
• 菠菜嫩葉 1 大把 • 黃檸檬汁半顆份量
特級初榨橄欖油 4 湯匙 • 油菜籽油或花生油 4 湯匙

每份含
20.6 g
蛋白質

烤箱預熱至 240℃。在直徑 22 或 24 公分的蛋糕烤模上抹油。

用食物調理機研磨青醬的全部食材，加鹽與胡椒。

過篩鷹嘴豆粉，倒入 240 c.c. 的水後加以拌打，拌打過程中加入 1 湯匙的油。

放入帕馬森乳酪粉與香草食材，加鹽與胡椒，充分拌打均勻。

把麵糊倒入蛋糕模中，放入烤箱烘烤 15 分鐘。

將青醬抹在披薩底層，放上莫扎瑞拉乳酪片，再擺上芝麻菜，淋上些許橄欖油。

湯品
與沙拉

這些豆子與種籽做出的美味熱湯及爽口沙拉，滿載著有益健康的營養和清爽風味，讓我們在滿足口腹之欲的同時，還能獲得所有必要的能量！

義式鷹嘴豆雜菜湯 ● 綠甜心

珊瑚紅椰奶 ● 義大利雜菜湯 ● 春綠濃湯

無敵高湯 ● 泰式高湯 ● 塔布勒鷹嘴豆沙拉

馬雅沙拉 ● 冬季風情 ● 墨西哥沙拉

印加風味塔布勒沙拉 ● 紅珍珠大麥 ● 酥烤土司豆腐

群島沙拉 ● 碧綠丼飯 ● 斯佩爾特小麥沙拉

義式鷹嘴豆雜菜湯

4 人份 — 製作時間 2 小時 45 分鐘，浸泡時間 1 夜

食材

乾燥鷹嘴豆 110 公克或罐頭裝鷹嘴豆 400 公克 • 切成小丁備用的中型紅蘿蔔 1 根

切成小丁備用的西芹 1 根 • 切成小丁備用的洋蔥 1 顆 • 橄欖油 1 湯匙

番茄泥（concenté de tomates）2 湯匙

迷迭香 1 小株 • 蔬菜高湯或雞高湯 500 c.c.

帕馬森乳酪外皮殼 1 塊＋帕馬森乳酪粉撒飾用量 • 鹽與胡椒

煮得口感 Q 勁彈牙的乾燥水管麵條 225 公克

假如您使用的是乾燥鷹嘴豆,請先將豆子浸泡1夜。瀝乾水分後洗淨。

把鷹嘴豆與水放入湯鍋,煮至沸騰後,以微滾火候續煮2小時,直到豆子變軟。瀝乾水分。

把紅蘿蔔丁、芹菜丁與洋蔥丁放入油中翻炒,直到蔬菜丁變軟,放入番茄泥與迷迭香,加以拌炒,再加入⅔份量的鷹嘴豆,倒入高湯淹沒豆子,放入帕馬森乳酪外皮殼,煮至沸騰後,以微滾火候續煮20分鐘。

取出迷迭香與帕馬森乳酪外皮殼。把鍋中食材倒入食物調理機攪打成光滑泥狀。

將剩餘鷹嘴豆放入泥糊中,加鹽與胡椒。

再放入煮熟的水管麵,撒上帕馬森乳酪粉與點綴用的香芹細末。

綠甜心

4 人份 — 製作時間 2 小時

食材
粗切成片備用的洋蔥 2 顆
橄欖油 1 湯匙＋澆淋用量
乾燥青色小豌豆 360 公克 ● 蔬菜高湯 1.2 公升
對半切開的花椰菜花朵半顆份量＋多備一小朵花切成小碎塊狀
黃檸檬汁半顆份量 ● 鹽與胡椒

用油把洋蔥炒軟,放入青色小豌豆和高湯,煮至沸騰後,以微滾火候續煮 1 小時 30 分鐘。

預熱烤箱至 200℃。將花椰菜放入豌豆湯鍋中,以微滾火候續煮 5 至 6 分鐘。

在放置備用的花椰菜小碎塊上澆淋些許橄欖油,撒點鹽,放入烤箱烘烤 6 分鐘。

把蔬菜湯食材倒入食物調理機中研磨成泥狀,依個人口味添加檸檬汁提味。

加鹽與胡椒,放上烤花椰菜碎粒加以裝飾。

珊瑚紅椰奶

4 人份 — 製作時間 1 小時

食材
黃色小豌豆 150 公克 • 珊瑚紅小扁豆 150 公克
切成小塊備用的紅蘿蔔 1 根 • 薑泥 2 湯匙
印度綜合香料粉 2 湯匙 • 孜然粉 1 茶匙
橄欖油 1 湯匙 • 切成細末備用的嫩青蔥 5 根
番茄泥 3 湯匙 • 罐頭裝椰奶 400 公克
金黃葡萄乾 50 公克 • 鹽與胡椒

裝飾用食材：切成粗末備用的芫荽葉 1 小把
烤過的乾椰仁 • 紅辣椒細末

將黃色小豌豆、小扁豆和 1.2 公升的水放入一口大平底湯鍋中，煮至沸騰後，保持微滾火候，加入紅蘿蔔與半量薑泥，蓋上鍋蓋，續煮 30 分鐘。

用油香煎印度綜合香料粉與孜然粉 1 分鐘。放入青蔥細末、剩餘的薑泥與番茄泥，續煮 2 分鐘。把番茄糊拌入豆鍋中，倒入椰奶，放入葡萄乾，以微滾火候續煮 20 分鐘。加鹽與胡椒，擺上裝飾用食材後即可上桌。

義大利雜菜湯

4 人份 — 製作時間 I 小時 30 分鐘，浸泡時間 I 夜

食材

小紅豆 250 公克 • 切成粗末備用的洋蔥 1 顆 • 切成小塊備用的紅蘿蔔 2 根
切成細末備用的西芹 1 根 • 橄欖油 1 湯匙
蒜末 2 瓣量 • 月桂葉 1 片 • 孜然粉 1 湯匙
匈牙利煙燻紅椒粉 1 湯匙 • 番茄泥 2 湯匙
罐頭裝番茄塊糊 400 公克 • 蜂蜜 1 茶匙
藜麥 90 公克 • 切成粗末備用的甜菜 180 公克 • 鹽與胡椒
奧勒岡葉粗末 1 湯匙

浸泡小紅豆 1 夜。瀝乾水分後洗淨。

把洋蔥末、紅蘿蔔丁與西芹細末放入油鍋中，以文火煎炒 10 分鐘至食材變軟。

放入蒜末、月桂葉與香料食材，續煮 3 分鐘。

先加入番茄泥，再放入番茄塊糊，續煮 5 分鐘。

倒入 1.8 公升的水，再放入小紅豆，煮至沸騰後，以微滾火候續煮 1 小時，倒數 15 分鐘加入蜂蜜、藜麥與甜菜末。加鹽與胡椒，撒上奧勒岡葉細末再上桌。

春綠濃湯

4 人份 — 製作時間 40 分鐘

食材
切成細末備用的洋蔥 1 顆 • 去籽、切成細末備用的青辣椒 1 根
削皮、切成小丁備用的中型馬鈴薯 1 顆 • 橄欖油 1 湯匙
毛豆（青嫩黃豆）500 公克
新鮮圓青豌豆 100 公克 • 菠菜嫩葉 200 公克
蔬菜高湯 1.2 公升 • 鹽與胡椒
上菜點綴用的黑芝麻與麻油少許

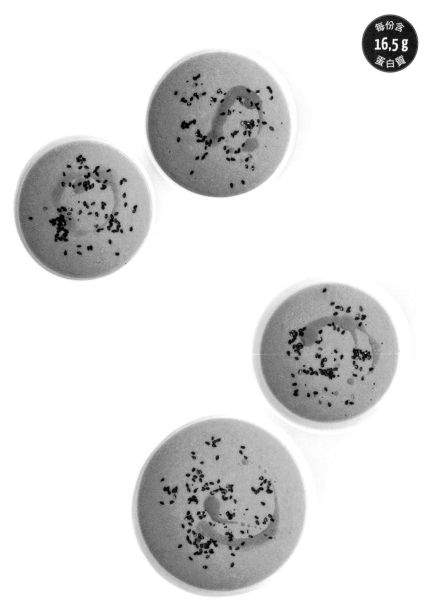

把洋蔥末、青辣椒末和馬鈴薯小丁放入橄欖油中香煎 4 分鐘，讓食材變軟。放入毛豆、圓青豌豆、菠菜葉與高湯，蓋上鍋蓋，以微滾火候熬煮 20 分鐘。加鹽與胡椒，再把整鍋食材倒入食物調理機中研磨。
最後以黑芝麻加以點綴，淋上些許麻油。

無敵高湯

4 人份 — 製作時間 45 分鐘

食材

雞高湯 1.2 公升 • 5 公分長、去皮、切成薄片備用的生薑 1 塊
蒜片 2 瓣量 • 葉片切成細末、保留完整莖梗的芫荽（香菜）1 小把
切成小方塊備用的生鮭魚 300 公克 • 切成小方塊備用的豆腐 200 公克
切成細末備用的嫩青蔥 5 根 • 醬油 1 茶匙
青檸檬汁 1 顆份量 • 切成細末備用的細香蔥 1 小把

把高湯連同薑片、蒜片、芫荽梗煮至沸騰後，以微滾火候續煮 30 分鐘。

將湯中食材濾除後，再次煮滾，放入鮭魚塊、豆腐塊、蔥花、醬油與檸檬汁，以微滾火候續煮 1 分鐘。

放入細香蔥末與芫荽葉末加以點綴。

泰式高湯

4 人份 — 製作時間 30 分鐘

食材

切成細末備用的檸檬香茅 1 根 • 薑泥 1 湯匙

蒜泥 1 茶匙 • 切成細末備用的紅辣椒 1 根 • 橄欖油 1 湯匙

蔬菜高湯 400 至 500 c.c. • 椰奶 400 公克

切成長帶狀的昆布 20 公克 • 切成薄片備用的白蘑菇 5 朵

切成小方塊備用的板豆腐 115 公克 • 醬油 1 茶匙

青檸檬汁 1 顆份量 • 二砂糖半茶匙 • 鹽與胡椒

切成粗末備用的芫荽（香菜）葉 1 小把

以橄欖油翻炒檸檬香茅末、薑泥、蒜泥與辣椒末 1 分鐘。倒入高湯與椰奶，以
微滾火候熬煮 15 分鐘。放入昆布條、白蘑菇片、小豆腐塊和醬油。
倒入檸檬汁與二砂糖。加鹽與胡椒，再撒點芫荽葉末。

塔布勒鷹嘴豆沙拉

4 人份 — 製作時間 | 小時，浸泡時間 | 夜

食材

乾燥鷹嘴豆 185 公克 • 小蘇打粉 1 茶匙

新鮮圓青豌豆 150 公克 • 薄荷葉 1 小把

蒔蘿葉 1 小把 • 香芹葉 1 小把

鹽漬黃檸檬外皮 2 顆份量 • 原味優格 50 公克

特級初榨橄欖油 1 湯匙 • 黃檸檬汁 1 茶匙

楓糖 1 茶匙 • 鹽 1 小撮

薄荷葉細末、蒔蘿葉細末與香芹細末各 2 茶匙

浸泡乾燥鷹嘴豆 1 晚。瀝乾水分後洗淨。

把鷹嘴豆與小蘇打粉放入裝了水的湯鍋中，煮至沸騰後，以微滾火候續煮 40 分鐘。

煮熟圓青豌豆，放入冷水中降溫。

將香草食材、鹽漬檸檬皮、優格、橄欖油、檸檬汁、楓糖與鹽放入食物調理機中研磨 1 分鐘。

混合拌勻鷹嘴豆與圓青豌豆，然後拌入風味優格醬，拌勻後，撒點香草葉細末。

馬雅沙拉

4 人份 — 製作時間 40 分鐘

食材

切成細末備用的嫩青蔥 5 根 • 特級初榨橄欖油 2 湯匙

紅藜麥或白藜麥或紅白混合的藜麥 185 公克

烤松子 30 公克 • 黃檸檬皮細末與黃檸檬汁 1 顆份量

柯林斯葡萄乾 15 公克 • 鹽 • 原味優格 50 公克

刨絲用櫛瓜 2 大根或迷你型 6 根 • 切成細末備用的蒔蘿 2 小把

用 1 湯匙油把嫩青蔥末炒軟。加入藜麥與松子，烹煮 4 分鐘。

放入 370 c.c. 的水與檸檬皮細末、葡萄乾和一小撮鹽，煮至沸騰後，以微滾火候續煮 15 分鐘。

混合優格、檸檬汁、1 湯匙的水、1 茶匙鹽與剩餘的橄欖油，加以拌打。

將沙拉的所有食材連同櫛瓜絲與蒔蘿細末一起拌勻。

最後淋上優格醬。

冬季風情

2 人份 — 製作時間 45 分鐘

食材
勒皮扁豆 90 公克 • 去皮的大蒜 1 瓣 • 榛果仁 30 公克
黃檸檬汁 1 顆份量 • Dijon 黃芥末醬 1 茶匙
特級初榨橄欖油 2 湯匙 • 蜂蜜 1 茶匙
白酒醋 1 湯匙 • 鹽與胡椒
去皮、去籽、切片備用的酪梨 1 顆 • 切成細末備用的香芹 1 小把

預熱烤箱至 200℃。把扁豆、360 c.c. 的水與蒜瓣放入一只湯鍋中，煮至沸騰後，以微滾火候續煮 20 分鐘。取出蒜瓣，瀝乾扁豆水分。

利用煮豆的時間，把榛果仁放入烤箱烘烤 5 分鐘。

將黃檸檬汁、芥末醬、橄欖油、蜂蜜與白酒醋混合拌打成乳白膏狀，放置備用。加鹽與胡椒。

將酪梨片、扁豆、烤榛果仁拌勻。

再撒上香芹細末，淋上醬汁即可。

墨西哥沙拉

4 人份 — 製作時間 | 小時 25 分鐘，浸泡時間 | 夜

食材
乾燥小紅豆 180 公克 • 乾燥完整綠豆 100 公克

麻油 4 湯匙＋ 4 茶匙

蒜泥 4 瓣量 • 去籽、切成細末備用的紅或青辣椒 3 至 4 根

切成細末備用的嫩青蔥 3 根 • 鹽與胡椒

切成粗末備用的芫荽（香菜）葉 1 小把 • 青檸檬汁 1 顆份量

每份含
4.9 g
蛋白質

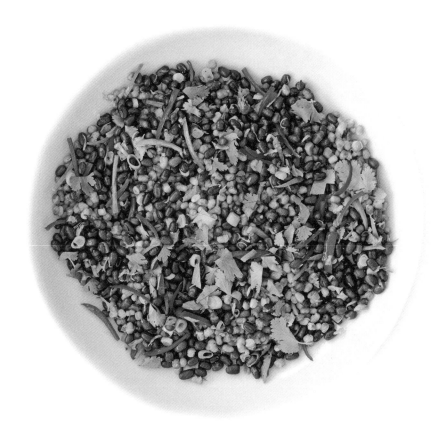

將豆類食材分開浸泡 1 夜。瀝乾水分後洗淨。

把豆子放入裝了水的大湯鍋中，煮至沸騰後，以微滾火候續煮 40 至 60 分鐘，直到煮熟豆子，然後瀝乾水分。

用 4 湯匙麻油翻炒豆子、蒜泥、辣椒末與青蔥末 5 分鐘。放入剩餘的麻油，拌勻。將鍋子離火。加鹽與胡椒。

上桌前，淋上青檸檬汁，撒上芫荽葉末。

印加風味塔布勒沙拉

4 人份 — 製作時間 30 分鐘，浸泡時間 1 夜（非必要）

食材

乾燥小紅豆 90 公克或罐頭裝、瀝乾水分後的小紅豆 400 公克 • 藜麥 180 公克

切成粗末備用的香芹 2 大把 • 切成粗末備用的薄荷 1 大把

去籽、切成小塊備用的中型番茄 3 顆

去籽、切成小塊備用的小黃瓜 1 根 • 南瓜籽 25 公克

黃檸檬汁半顆份量 • 鹽與胡椒

調味醬：紅酒醋 1 湯匙

特級初榨橄欖油 3 湯匙 • 蒜泥 1 瓣量

楓糖少許

每份含
7.7 g
蛋白質

假如您選用的是乾豆子，請先浸泡 1 夜。

再將豆子放入裝了水的湯鍋中，煮至沸騰後，以微滾火候續煮 45 分鐘。

把藜麥放入另一只湯鍋中，以 360 c.c. 的水淹沒，煮至沸騰後，蓋上鍋蓋，以微滾火候續煮 15 分鐘。

將其餘食材和紅豆、藜麥放入沙拉盆中，倒入檸檬汁，加鹽與胡椒。

拌勻淋醬食材，以足量的鹽與胡椒調味。

上菜前，再把醬汁淋在沙拉上。

紅珍珠大麥

4 人份 — 製作時間 1 小時 15 分鐘

食材

珍珠大麥（精磨去麩皮大麥）180 公克 • 橄欖油 3 湯匙 • 切成細末備用的紫洋蔥 1
小顆 • 鹽與胡椒 • 甜菜根 5 小顆 • 百里香葉 2 茶匙
巴薩米克酒醋 3 湯匙 • 毛豆（青嫩黃豆）100 公克
切成粗粒用、烤過的核桃 40 公克 • 切成細末備用的香芹 2 把

每份含
10.7 g
蛋白質

預熱烤箱至 220℃。以水淹沒大麥，烹煮 20 分鐘後瀝乾水分。

趁大麥仍熱，淋上 2 湯匙橄欖油，並加入洋蔥末，加入足量的鹽與胡椒調味。

用鋁箔紙將甜菜根與些許的鹽、百里香、酒醋、剩餘的橄欖油一起包起來，放入烤箱烘烤 30 分鐘。

降溫後，解開鋁箔紙層，將甜菜根切成小塊。

把甜菜根塊放入大麥中，仔細拌勻。加入毛豆、核桃粒與香芹末。

上菜前，撒上鹽與胡椒即可。

酥烤土司豆腐

4 人份 — 製作時間 50 分鐘

食材

切成 4 片備用的板豆腐 200 公克 • 醬油 1 湯匙半
開心果 45 公克 • 全麥土司麵包 1 片 • 黑胡椒粒 3 顆
Dijon 黃芥末醬 1 湯匙 • 楓糖 1 湯匙
原味優格半湯匙 • 蛋黃 1 顆
澆淋用橄欖油少許

莎莎醬：切成細末備用的紫洋蔥半顆 • 蒜末 1 瓣量
橄欖油 1 湯匙 • 鹽與胡椒 • 切成細條狀備用的紅甜椒 1 顆
百里香 1 小株 • 白酒醋半湯匙
蜂蜜半湯匙

烤箱預熱至 180℃。在豆腐上抹上 1 湯匙醬油，放置備用。

用食物調理機把開心果、吐司麵包與胡椒粒研磨成細麵包粉。

將黃芥末醬、楓糖、剩餘的醬油、優格與蛋黃一起拌勻，放入豆腐片，裹上蛋黃醬汁，再放至麵包粉上裹粉，淋上些許橄欖油，放入烤箱烘烤 20 分鐘。

調製莎莎醬：用油煎香洋蔥末與蒜末，加鹽與胡椒。

先放入甜椒與百里香，烹煮 8 分鐘。再倒入白酒醋與蜂蜜，續煮 2 分鐘。

以莎莎醬佐土司豆腐一起上桌。

群島沙拉

4 人份 — 製作時間 45 分鐘

食材

米酒醋 60 c.c. • 紅糖（cassonade）20 公克 • 鹽 1 茶匙
麻油 1 茶匙 • 蒜泥 2 瓣量 • 切成細末備用的紅辣椒 1 根
切成小塊備用的茄子 3 小根 • 橄欖油 2 湯匙 • 切成小塊備用的板豆腐 200 公克
切成小塊備用的成熟芒果 1 大顆 • 切成細末備用的嫩青蔥 4 根
切成細末備用的紫洋蔥半顆 • 青檸檬皮細末與青檸檬汁 1 顆份量
切成粗末備用的芫荽（香菜）1 把

把米酒醋、紅糖與鹽放入一只湯鍋中調勻，以小滾火候加熱，直到紅糖溶解，
將鍋子離火，加入麻油、蒜末與辣椒末，放涼備用。

取半量的橄欖油香煎茄子，數次翻面，香煎後放至餐巾紙上瀝乾油分。

用剩餘的橄欖油，以同樣方法香煎豆腐。

除了芫荽葉末外，把所有的食材拌勻。

最後淋上甜酒醋醬，撒上芫荽細末。

碧綠丼飯

4 人份 — 製作時間 30 分鐘

食材

毛豆（青嫩黃豆）100 公克 • 豆莢對半剝開的荷蘭豆 100 公克
煮熟糙米飯 300 公克 • 對半切開、再切成細絲備用的黃瓜半根
切成 0.3 公分厚度薄片備用的鮪魚 400 公克
小豆苗 40 公克 • 切成細末備用的嫩青蔥 4 根
醃漬薑片 4 湯匙
黑芝麻 1 湯匙

醬汁：溜醬油 1 湯匙 • 糖粉 2 湯匙
米醋 2 湯匙 • 青檸檬汁 2 顆份量

每份含
37.5 g
蛋白質

拌勻醬汁食材。

將毛豆與荷蘭豆放入滾水中滾煮 2 分鐘。瀝乾水分後，用冷水洗淨。

除了芝麻粒之外，把所有食材放入一只沙拉盆中拌勻，淋上醬汁。

上菜前，再撒上芝麻粒即可。

斯佩爾特小麥沙拉

4 人份 — 製作時間 1 小時 10 分鐘

食材
斯佩爾特小麥 200 公克 • 大蒜 1 瓣 • 對半切開備用的西芹 1 根
對半剖開備用的紅蘿蔔 1 根 • 含梗、分切小株備用的綠花椰菜花朵 5 朵
中型蘆筍 8 根 • 切成薄片備用的中型酪梨 1 顆
綠豆芽菜 1 小把 • 去皮膜、烘烤過的杏仁 60 公克
切成小棒備用的黃瓜 ¼ 根 • 芝麻菜 1 小把

調味醬:蒜泥 1 小瓣量 • 黃檸檬汁 2 湯匙
特級初榨橄欖油 4 湯匙 + 澆淋用量 • 鹽與胡椒

將斯佩爾特小麥放入一只湯鍋中,以水淹沒,放入蒜瓣、西芹與紅蘿蔔,烹煮45 分鐘後,瀝乾水分。

混勻調味醬的食材,把調味醬倒入小麥中拌勻。

水煮綠花椰菜與蘆筍 4 分鐘,瀝乾水分後,以冷水洗淨。

將綠花椰菜、蘆筍、酪梨以及其餘食材加入小麥中。

最後淋上些許橄欖油,就可上桌囉!

主菜

一系列美味、好料理的精選餐點登場囉！
以豐富多元的植物系蛋白為基礎，從鷹嘴
豆到大黃豆，為您呈現一道道兼具美味與
多樣化食材的組合。

墨西哥風味蔬食 ● 智利風味餐 ● 蔬菜咖哩

義式春天燉飯 ● 印度香辣豆泥糊

番茄皇帝豆回味湯 ● 斯佩爾特小麥回味湯

普羅旺斯燉菜 ● 紅豆番茄燉蛋 ● 義式烘蛋

番茄派 ● 碧綠薄餅 ● 鷹嘴豆咖哩 ● 綠塔吉鍋

蔬食漢堡 ● 綠意手抓飯 ● 墨西哥塔可餅

越南蕎麥米線 ● 豆排 ● 酥炸豆腐

義式大麥燉飯 ● 甜椒餡餅

金黃豆糊 ● 蔬食串燒

墨西哥風味蔬食

4 人份 — 製作時間 1 小時

食材
分切成四瓣備用的紫洋蔥 1 顆 • 蒜泥 2 瓣量
分切成四瓣備用的番茄 2 顆 • 切成塊狀的胡桃南瓜 200 公克
切成塊狀的紅蘿蔔 1 根 • 切成小塊備用的紅甜椒 1 顆
肉桂粉半茶匙 • 孜然粉半茶匙
孜然籽半茶匙 • 芫荽粉半茶匙
北非綜合香料粉半茶匙（非必要）• 薑黃粉半茶匙
鹽與胡椒 • 橄欖油 2 湯匙 • 蔬菜高湯 250 c.c.
罐頭裝、瀝乾水分並洗淨的鷹嘴豆 400 公克 • 切成細末備用的香芹 1 小把

沾醬：原味優格 100 c.c. • 哈里薩辣醬 1 湯匙

每份含
7.5 g
蛋白質

預熱烤箱至 220℃。用油翻炒所有的蔬菜、香料、鹽與胡椒 30 分鐘，再把所有
食材倒入另一只湯鍋中，加入高湯淹沒，煮至沸騰後，以微滾火候續煮，然後
加入鷹嘴豆續煮 30 分鐘，加鹽與胡椒。

將優格與哈里薩醬拌勻。

盛盤蔬菜上撒點香芹細末，以哈里薩優格醬佐餐上桌。

智利風味餐

4 人份 — 製作時間 1 小時 10 分鐘

食材

切成細末備用的洋蔥 1 顆 • 橄欖油 1 湯匙

切成小丁備用的紅甜椒 1 顆 • 蒜泥 1 瓣量

奇波雷煙燻辣椒 1 湯匙或奇波雷煙燻辣椒醬 1 茶匙

辣度高的辣椒粉 1 茶匙

孜然粉 1 湯匙 • 匈牙利煙燻紅椒粉（paprika fumé）1 茶匙

芫荽粉 1 茶匙 • 卡宴紅椒粉半茶匙

月桂葉 1 片 • 罐頭裝番茄塊糊 400 公克

棕色小扁豆 90 公克 • 珊瑚紅小扁豆 90 公克

罐頭裝、瀝乾水分並洗淨的大紅豆 400 公克 • 蜂蜜些許

• 鹽與胡椒 • 切成粗末備用的芫荽 1 小把

原味優格 100 公克 • 墨西哥辣椒細末些許

把洋蔥放入油中香煎 2 分鐘；加入紅甜椒與蒜泥，香煎 1 分鐘。

再放入香料食材與月桂葉，香煎 1 分鐘。

放入番茄塊糊、扁豆、紅豆、400 c.c. 水與蜂蜜，以微滾火候烹煮 50 分鐘。

加鹽與胡椒。

上菜前，再淋上優格、撒上芫荽葉末與墨西哥辣椒細末即可。

蔬菜咖哩

4 人份 — 製作時間 | 小時

食材

已充分洗淨的乾燥黃色小豌豆 180 公克 • 薑黃粉 1 湯匙

印度綜合香料粉 1 茶匙 • 切成細末備用的紫洋蔥 1 顆

辣椒粉 1 茶匙 • 橄欖油 1 湯匙

蒜泥 1 瓣量 • 2.5 公分長、去皮、磨泥備用的生薑 1 塊

切取花朵備用的花椰菜半顆 • 蔬菜高湯 200 c.c.

新鮮圓青豌豆 180 公克 • 去籽、切成小塊備用的紅甜椒半顆

斯麥納葡萄乾（raisins de Smyrne）50 公克 • 去籽、切成小塊備用的番茄 1 顆

每份含
5.8 g
蛋白質

以 700 c.c. 的水淹沒黃色小豌豆，煮至沸騰後，微滾火候續煮 15 分鐘。瀝乾水分。

用油香煎薑黃、印度綜合香料粉、洋蔥細末與辣椒粉 1 分鐘；加入蒜泥、薑泥，香煎 30 秒。放入花椰菜與高湯，烹煮 10 分鐘。

加入圓青豌豆拌勻後，再放入其餘食材與黃色小豌豆，繼續烹煮 5 分鐘。

義式春天燉飯

2 人份 — 製作時間 35 分鐘

食材

蔬菜高湯 500 c.c. • 米型麵 150 公克
削除外皮並切成 2 公分小段備用的蘆筍 200 公克
冷凍圓青豌豆 100 公克 • 蠶豆仁 100 公克
手摘羅勒葉 1 小把
特級初榨橄欖油 2 湯匙
帕馬森乳酪刨片 30 公克

每份含
11,8 g
蛋白質

將蔬菜高湯煮至沸騰，放入米型麵，續煮 7 至 10 分鐘後，瀝乾水分。

取另一只湯鍋，加入 500 c.c. 水煮至沸騰後，保持微滾火候，加入蘆筍再續煮 3 分半鐘。

撈出蘆筍，放入圓青豌豆，再次煮至沸騰後放入蠶豆仁，續煮 30 秒後瀝乾水分。

將米型麵與蔬菜拌勻，加入羅勒葉，拌入橄欖油。

上桌前，撒上帕馬森乳酪薄片。

印度香辣豆泥糊

4 人份 — 製作時間 50 分鐘

食材
孜然籽 1 茶匙 • 芫荽籽 1 茶匙

黃芥末籽 2 茶匙 • 葫蘆巴籽 1 茶匙

肉桂粉半茶匙 • 乾燥紅辣椒碎片 1 茶匙 • 切成細末備用的洋蔥 1 顆

橄欖油 1 湯匙 • 蒜泥 2 瓣量

2.5 公分長、去皮、磨泥備用的生薑 1 塊 • 去籽的小豆蔻 2 瓣

蔬菜高湯 1 公升 • 番茄泥 1 湯匙

珊瑚紅小扁豆 220 公克 • 對半切開備用的櫻桃番茄 5 顆 • 青檸檬汁 1 顆份量

切成粗末備用的芫荽葉（香菜）1 小把

將種籽食材放入湯鍋中乾炒，直到種籽爆開。

把種籽放至研磨缽中，以磨杵壓碎，放入肉桂粉與辣椒碎片。

洋蔥末放入油中翻炒 4 分鐘，加入蒜泥、薑泥、香料食材以及小豆蔻，翻炒 3 分鐘。倒入高湯、番茄泥與小扁豆。

煮至沸騰後，以微滾火候續煮 20 分鐘。

放入小番茄、檸檬汁與芫荽末，再烹煮 10 分鐘。

番茄皇帝豆回味湯

4 人份 — 製作時間 | 小時 30 分鐘，浸泡時間 | 夜

食材
乾燥皇帝豆 225 公克或罐頭裝皇帝豆 450 公克
切成細末備用的西芹 4 根 • 橄欖油 1 湯匙 • 切成細末備用的嫩青蔥 6 根
蒜末 4 瓣量 • 略微壓碎的葛縷子 1 茶匙 • 鹽與胡椒
罐頭裝、瀝乾水分、洗淨、挖除內籽且粗切成塊的橢圓小番茄 400 公克
切成 4 瓣備用的黃檸檬 1 顆 • 去籽、切成粗末備用的黑橄欖 10 顆

假如您用的是乾豆，請先浸泡豆子 1 夜。瀝乾水分並洗淨。

以文火油煎西芹 10 分鐘。

放入半量的嫩青蔥末、蒜末與葛縷子、2 小撮鹽，以文火烹煮 10 分鐘。

加入番茄，續煮 2 分鐘。再加入皇帝豆與 200 c.c 的水，蓋上鍋蓋，以微滾火候熬煮 45 分鐘。加鹽與胡椒。

最後撒放橄欖末和剩餘的嫩青蔥末，佐以檸檬瓣即可上菜囉！

斯佩爾特小麥回味湯

4 人份 — 製作時間 I 小時 20 分鐘，浸泡時間 I 夜

食材

斑豆 200 公克 • 花豆 200 公克 • 切成粗末備用的洋蔥 1 顆

橄欖油一湯匙 • 罐頭裝的番茄塊糊 800 公克

細切成小丁備用的紅蘿蔔 1 根 • 切成小丁備用的馬鈴薯 3 小顆 • 西芹 2 根

精磨去麩皮的斯佩爾特小麥 350 公克

蔬菜高湯 500 c.c. • 鹽 1 茶匙

切末備用的羽衣甘藍半把 • 菠菜葉 1 小把

帕馬森乳酪刨片 50 公克 • 橄欖油澆淋用量

每份含
16,2 g
蛋白質

將豆類食材浸泡 1 夜。瀝乾水分後洗淨。

把豆子放入 1 公升的水鍋中，煮至沸騰後，以微滾火候續煮 40 分鐘。

瀝乾水分後，壓碎豆子。

用油翻炒洋蔥末 3 分鐘。將洋蔥末連同番茄糊、紅蘿蔔丁、馬鈴薯丁、西芹、斯佩爾特小麥與高湯一起加入壓碎的豆子中，煮至沸騰後，繼續以微滾火候烹煮 20 分鐘。加鹽，放入羽衣甘藍與菠菜葉，以微滾火候煮 3 分鐘。

上菜前，撒上帕馬森乳酪刨片，淋上些許橄欖油。

普羅旺斯燉菜

4 人份 — 製作時間 1 小時 15 分鐘，浸泡時間：1 夜

食材

乾燥白腎豆 250 公克或罐頭裝白腎豆 400 公克 • 切成小塊備用的胡桃南瓜半顆

切成小丁備用的紅甜椒 1 顆 • 切成小塊備用的櫛瓜 2 根 • 蒜泥 2 瓣量

橄欖油 5 湯匙 • 切成粗末備用的紫洋蔥 1 顆 • 番茄泥 1 湯匙

橢圓形小番茄 400 公克（編注：未入圖）• 白酒醋 1 湯匙

蜂蜜 1 茶匙 • 切成小塊備用的茄子 1 顆

羅勒葉 1 小把

墨西哥辣椒蒜泥青醬：醋漬墨西哥辣椒 1 湯匙

杏仁 50 公克 • 大蒜 1 瓣 • 香芹 1 湯匙

每份含
7.6 g
蛋白質

假如選用乾豆，請先浸泡豆子一夜。瀝乾水分並洗淨。

用水將白腎豆煮至沸騰後，以微滾火候烹煮 40 分鐘。

預熱烤箱至 220℃。用 2 湯匙橄欖油煎烤胡桃南瓜塊、紅甜椒丁、櫛瓜丁與蒜泥 30 分鐘。以 2 湯匙橄欖油香煎茄丁，數次翻面將表面煎得金黃，放置備用。

用 1 湯匙橄欖油把洋蔥末炒軟，放入番茄泥拌炒。加入番茄、酒醋與蜂蜜，以微滾火候烹煮 10 分鐘。放入白腎豆、烤蔬菜、茄丁，拌勻。

研磨攪打青醬食材 30 秒。

最後把青醬與羅勒葉撒在燉菜上。

紅豆番茄燉蛋

4 人份 — 製作時間 20 分鐘

食材
切成細末備用的紫洋蔥 1 顆 • 蒜泥 2 瓣量
橄欖油 1 湯匙 • 孜然籽半茶匙
孜然粉半茶匙 • 辣椒粉 ¼ 茶匙
瀝乾水分的罐頭裝紅豆 400 公克
果肉扎實、刨片備用的成熟番茄 4 顆 • 鹽 1 茶匙 • 蛋 4 大顆
切成細末備用的芫荽（香菜）1 小把 • 優格 80 c.c.

以文火、橄欖油香煎洋蔥末與蒜泥 3 分鐘。

加入香料食材，續煎 1 分鐘。放入小紅豆與番茄，加鹽，續煮 5 分鐘。

在上述食材中挖 4 個井狀凹坑，分別打 1 顆蛋放入凹坑中，蓋上鍋蓋，讓蛋表面變熟，續煮 4 分鐘或依照您喜歡蛋的熟度調整烹煮時間。

最後撒上芫荽細末，以優格佐餐上桌。

義式烘蛋

4 人份 — 製作時間 30 分鐘

食材

切末用韭蔥 2 根 • 蒜泥 1 瓣量 • 橄欖油 1 湯匙

蘆筍 10 根 • 打成蛋汁備用的蛋 8 大顆 • 菲達乳酪 50 公克

切成細末備用的香芹 1 小把＋撒飾用量

菠菜嫩葉 1 小把 • 煮熟的藜麥 100 公克

鹽與胡椒 • 刨絲備用的帕馬森乳酪 40 公克＋刨片數片

取一只可入烤箱的平底煎鍋，用橄欖油香煎韭蔥末與蒜泥 5 分鐘。

放入蘆筍，續煎 4 分鐘。

把蛋、菲達乳酪、香芹末與菠菜嫩葉拌打均勻，加入藜麥。再加鹽與胡椒。

將上述食材倒入平底鍋中，續煎至底部食材呈金黃色澤。

撒上帕馬森乳酪絲，放入烤箱，以上火烤架焗烤的模式烘烤 3 分鐘。

上桌前，再撒上剩餘的香芹葉與帕馬森乳酪刨片。

番茄派

4 人份 — 製作時間 35 分鐘

食材

哈里薩辣醬 55 公克 • 瑞可塔乳清乳酪 55 公克
鹽與胡椒 • 切成細條用、烤過的紅甜椒 1 顆
切成細末備用的櫻桃番茄 10 顆 • 塗抹用橄欖油

派皮:鷹嘴豆粉 55 公克 • 麵粉 110 公克
酵母粉半湯匙 • 鹽 1 小撮
金色啤酒 125 c.c. • 撒盤用義式玉米粉

烤箱預熱至 200℃。

派底製作：拌勻乾粉食材、加入啤酒，充分拌勻。

在烤盤上撒滿玉米粉，將派底平鋪在烤盤上，塑成手做披薩的餅皮形狀。
把哈里薩辣醬抹在餅面上，放上瑞可塔乳清乳酪，稍微加點鹽和胡椒，再將番
茄與紅甜椒疊層鋪在辣醬層上。
將餅皮邊捲起，在表面上塗抹橄欖油。送入烤箱烘烤 20 分鐘。

碧綠薄餅

4 人份 — 製作時間 45 分鐘

食材

切成細末備用的嫩青蔥 2 根 • 橄欖油 1 湯匙

去皮膜的杏仁 100 公克 • 芝麻菜 2 大把

大蒜 1 瓣 • 鹽 • 黃檸檬汁 1 顆份量

對半切開並已烘烤 30 分鐘的櫻桃番茄 12 顆

切成薄片備用的成熟酪梨 1 顆

剝成小碎片的菲達乳酪 100 公克 • 切成細末備用的紅辣椒 1 根

薄餅食材： 去皮膜的開心果 100 公克 • 南瓜籽 50 公克 • 葵花籽 50 公克

真空裝栗子 100 公克 • 楓糖 1 湯匙 • 黃檸檬皮細末 1 顆份量

百里香葉 1 小把 • 橄欖油 1 湯匙 • 鹽與胡椒

預熱烤箱至 200℃。

製作薄餅底層：烘烤開心果與籽類食材 8 分鐘。將栗子、楓糖、檸檬皮、百里香、橄欖油、鹽與胡椒研磨均勻。在烘焙紙上塑出一個厚度 0.5 公分的圓餅皮，用餐叉在餅皮上叉洞，放入烤箱烘烤 20 分鐘。

用油將青蔥末炒軟。以食物調理機研磨杏仁、芝麻葉、蒜瓣、鹽與半量的檸檬汁。把芝麻葉醬平鋪在餅皮上，放入番茄、酪梨片、菲達乳酪與辣椒末。
再淋上剩餘的檸檬汁，撒上嫩青蔥細末即可。

鷹嘴豆咖哩

4 人份 — 製作時間 35 分鐘

食材
黃芥末籽 1 茶匙 • 薑黃粉 1 茶匙
芫荽籽粉 2 茶匙 • 葫蘆巴籽 1 茶匙
高辣度辣椒粉 1 茶匙 • 橄欖油 1 湯匙
切成細末備用的洋蔥 1 顆 • 薑泥 1 湯匙
蒜泥 2 瓣量 • 罐頭裝、瀝乾水分並洗淨的鷹嘴豆 800 公克
切成粗條備用的紅甜椒 1 顆 • 去內籽、切成小丁備用的番茄 6 顆
切成粗末備用的羽衣甘藍 2 小把
泰國青檸檬葉 1 片 • 罐頭裝椰奶 200 公克
切成粗末備用的芫荽（香菜）葉 1 小把

把芥末籽、薑黃、芫荽籽粉、葫蘆巴籽與辣椒放入油中煎 1 分鐘。

放入洋蔥末,油煎 2 分鐘;再放入薑泥與蒜泥,油煎數秒鐘。

加入鷹嘴豆與紅甜椒條,翻炒 2 分鐘;再加入番茄,續煮 2 分鐘;倒入椰奶和 100 c.c. 的水,蓋上鍋蓋,再煮 5 分鐘。

最後撒上芫荽末。

綠塔吉鍋

4 人份 — 製作時間 1 小時 5 分鐘

食材

切成粗末備用的紫洋蔥半顆 • 橄欖油半湯匙

蒜末半瓣量 • 薑泥半湯匙

薑黃粉半茶匙 • 薑粉 ¼ 茶匙

孜然粉半茶匙 • 小扁豆 100 公克

新鮮蠶豆或冷凍蠶豆 150 公克 • 對半剖開、去除絨毛的紫朝鮮薊 4 顆

去除內籽、切成細末備用的鹽漬檸檬半顆 • 綠橄欖 1 小把

鹽與胡椒 • 切成細末備用的香芹 1 小把

切成細末備用的芫荽葉（香菜）1 小把

油煎洋蔥細末 3 分鐘。放入蒜末、薑泥與香料食材，翻炒 30 秒。
放入小扁豆，加水淹沒，煮至沸騰，再以微滾火候續煮 20 分鐘。
放入蠶豆、朝鮮薊、檸檬與綠橄欖，加水淹沒。
煮至沸騰，再以微滾火候續煮 20 分鐘。
加鹽與胡椒，撒上香芹與芫荽細末即可。

蔬食漢堡

2 人份 — 製作時間 50 分鐘

食材
切成細末、填餡用蘑菇 2 大顆 • 百里香半湯匙
橄欖油 1 湯匙 • 鹽與胡椒 • 罐頭裝、瀝乾水分的白腎豆 100 公克
去籽的新鮮椰棗 1 顆 • 去皮蒜瓣 1 瓣
香芹 1 小把 • 中東芝麻醬半湯匙
醬油半湯匙 • 放涼的熟飯 50 公克
全麥麵包粉 25 公克 • 黃檸檬皮細末與黃檸檬汁 ¼ 顆份量
全麥漢堡麵包 2 個

醋漬小黃瓜：切成薄片備用的小黃瓜半條
白酒醋 1 湯匙 • 蜂蜜 1 茶匙

中東芝麻風味醬：中東芝麻醬 2 湯匙 • 楓糖 2 茶匙
黃檸檬皮細末與黃檸檬汁 1 顆份量
原味優格 4 湯匙 • 哈里薩辣醬 ¼ 茶匙

每份含
6.6g
蛋白質

油煎蘑菇末與百里香，直到食材略微收汁變小。加鹽與胡椒。

將白腎豆、椰棗、蒜瓣、香芹、中東芝麻醬與醬油研磨攪打，再放入白飯、麵包粉、檸檬皮與蘑菇，拌勻後，放入冰箱冷藏 10 分鐘。預熱烤箱至 230℃。

把上述食材分成四等分，塑成厚圓餅狀，放入烤箱烘烤 15 分鐘。

將小黃瓜片與酒醋、蜂蜜拌勻，依照個人口味加鹽調味。

把製作中東芝麻風味醬的所有食材混合拌勻。

將厚圓烤餅放入烤熱的漢堡麵包裡，搭配醋漬小黃瓜與中東芝麻風味醬一起享用。

綠意手抓飯

4 人份 — 製作時間 30 分鐘

食材

切成細末備用的紫洋蔥 1 顆 • 橄欖油 4 湯匙

櫛瓜 2 根，其中 1 根切成小塊，另一根切成極薄片狀

鹽與胡椒 • 黃芥末籽 1 茶匙 • 茴香籽 1 茶匙 • 乾燥綠豆 180 公克

印度香糙米 180 公克 • 蔬菜高湯 400 c.c. • 蒜泥 1 瓣量

烤松子 1 小把 • 葡萄乾 1 小把 • 切成粗末備用的香芹 1 小把

切成粗末備用的芫荽（香菜）1 小把 • 黃檸檬 1 顆

每份含
3.6 g
蛋白質

用1湯匙油,油煸洋蔥末5分鐘,蓋上鍋蓋,讓洋蔥末變軟。加鹽與胡椒。

另起油鍋,以1湯匙油、大火香煎櫛瓜塊,讓櫛瓜塊略呈金黃,再加入洋蔥末。

以1湯匙油香煎芥末籽、茴香籽到開始爆開時,加入綠豆與香糙米,加以拌炒。

倒入高湯,加鹽與胡椒,煮至沸騰,再以微滾火候續煮,直到湯汁被米完全吸收。

用剩餘的油香煎櫛瓜薄片雙面各數分鐘,讓櫛瓜片變得酥脆。

最後將所有食材拌勻。撒上蒜泥、烤松子與葡萄乾,再淋上檸檬汁。

墨西哥塔可餅

4 人份 — 製作時間 55 分鐘，浸泡時間 1 小時

食材

去皮、切成小丁備用的番薯 1 大顆 • 切成細末備用的紫洋蔥 1 顆

橄欖油 1 湯匙 • 匈牙利煙燻紅椒粉 1 茶匙

切成細末備用的青椒 1 顆 • 去籽、切成小丁備用的中型番茄 2 顆

罐頭裝、瀝乾水分並洗淨的鷹嘴豆 200 公克

墨西哥奇波雷煙燻辣椒醬 1 茶匙 • 原味優格 100 c.c.

切成細末備用的青辣椒 1 根 • 切成粗末備用的芫荽（香菜）1 小把 • 黃檸檬半顆

塔可餅：珊瑚紅小扁豆 100 公克 • 圓綠豆 100 公克

蒜泥 1 瓣量 • 孜然粉半茶匙

孜然籽半茶匙 • 鹽 1 茶匙半

煎炸用橄欖油 2 湯匙

每份含
6.3g
蛋白質

製作塔可餅：將小扁豆和圓綠豆浸泡在 230 c.c. 的水中 1 小時。瀝乾水分後，連同其他食材一起研磨攪打；若麵糊太濃稠（需略似可麗餅麵糊的濃稠度），添加 1 至 2 湯匙水加以稀釋。

預熱烤箱至 200℃。將番薯丁放入烤箱中烘烤 25 分鐘。

取一只平底煎鍋加熱 2 湯匙橄欖油，倒入 1 湯匙麵糊，雙面各煎 3 分鐘。

重複上述煎製動作，製作出 8 個塔可餅。

將洋蔥末放入油中香煎 2 分鐘，再放入匈牙利煙燻紅椒粉、青椒、番茄、鷹嘴豆與墨西哥奇波雷煙燻辣椒醬，烹煮 2 分鐘。

加入番薯丁混合拌勻後，擺至塔可餅上。

再抹一層優格醬、撒上辣椒細末和芫荽細末，淋上檸檬汁即可享用。

越南蕎麥米線

4 人份 — 製作時間 25 分鐘，醃漬時間 1 小時

食材

白酒醋 4 湯匙 • 蜂蜜 1 湯匙

鹽 1 茶匙 • 切成細末備用的紫洋蔥 1 顆 • 花生醬 3 湯匙

醬油 1 茶匙 • 青檸檬汁半顆份量 • 麻油 3 茶匙 • 魚露 1 茶匙

楓糖 1 茶匙 • 煮熟且放涼的蕎麥米線 200 公克

切成小口塊狀備用的板豆腐 500 公克 • 橄欖油 2 湯匙

切成細末備用的嫩青蔥 2 根 • 切成小條備用的紅蘿蔔 2 根 • 豆芽菜 100 公克

切成細末備用的芫荽（香菜）1 小把 • 黑芝麻 1 茶匙

將酒醋、蜂蜜與鹽混合攪拌，直到鹽完全溶解。再放入洋蔥末，醃漬 1 小時。

將花生醬、醬油、青檸檬汁、麻油、魚露、楓糖與 1 湯匙水混合攪拌。

把蕎麥米線放入花生醬汁中。

以 1 湯匙橄欖油將豆腐丁香煎成表面金黃，放置備用。

用剩餘的油香煎嫩青蔥末與紅蘿蔔條 2 分鐘。加入豆芽菜，續煎 2 分鐘。

把豆腐丁、米線與蔬菜拌勻。上桌前，撒上醃漬好的洋蔥、芫荽末與黑芝麻。

豆排

4 人份 — 製作時間 20 分鐘，醃漬時間 30 分鐘

食材

天貝 225 公克 • 醬油 3 湯匙

楓糖 3 湯匙 • 墨西哥奇波雷煙燻辣椒醬 1 茶匙

米醋 1 茶匙 • 蒜泥 1 瓣量

已去粗絲的四季豆（菜豆）200 公克 • 切成細末備用的紅蔥頭 1 顆

黑芝麻 1 湯匙 • 澆淋用橄欖油 1 湯匙 • 鹽與胡椒

每份含
11,2 g
蛋白質

先將天貝切成四片,再對半切開。

把醬油、楓糖、奇波雷煙燻辣椒醬、酒醋與蒜泥放入沙拉盆中拌勻,再把天貝放入沙拉盆中醃漬 30 分鐘。

用滾水滾煮四季豆 5 分鐘,直到四季豆變軟。利用煮豆的空檔,預熱燒烤架。

將天貝放至烤架上,每一面各燒烤 3 分鐘;燒烤同時將醃漬醬塗抹其上。

瀝乾四季豆的水分,把紅蔥頭、黑芝麻與四季豆拌勻,淋上些許橄欖油,再加鹽與胡椒。

先以四季豆鋪底層,再擺上天貝,即可上菜!

酥炸豆腐

4 人份 — 製作時間 25 分鐘

食材

粗略敲碎的粉紅胡椒粒 1 茶匙

玉米粉 3 湯匙 • 鹽半茶匙 • 葵花油 2 湯匙

切成片狀備用的硬質板豆腐 225 公克

切成小棒備用的小黃瓜半根 • 豆芽菜 50 公克

手剝成小片的結球萵苣 150 公克 • 切成細絲備用的紅蘿蔔 1 根

芫荽（香菜）葉 1 小把 • 薄荷葉 1 小把

沾醬：切成細末備用的紅辣椒 1 根 • 蒜泥 1 瓣量

青檸檬汁 2 湯匙 • 蜂蜜 3 茶匙

魚露 4 湯匙

將粉紅胡椒碎粒、玉米粉和鹽放入一只深盤中拌勻。

取一只平底煎鍋熱油。將豆腐裹上上述香料粉，放入油鍋中，以文火酥炸5分鐘，數次翻面，直到豆腐變得酥脆。

將沾醬食材攪拌均勻。

把所有蔬菜與提香食材放入另一個沙拉盆中拌勻。

以蔬菜鋪底，將豆腐放至蔬菜層上，佐以沾醬，一起上桌。

義式大麥燉飯

4 人份 — 製作時間 | 小時 20 分鐘

食材

削皮、切成小塊備用的塊根芹 1 顆 • 百里香 2 小株

橄欖油 3 湯匙 • 切成細末備用的洋蔥 1 大顆

去皮、去籽、切成小方塊備用的蘋果 1 顆 • 月桂葉 2 片

綠色小扁豆 175 公克 • 大麥 175 公克 • 白酒 100 c.c.

蛋黃 1 顆 • 黃芥末籽醬 1 茶匙

帕馬森乳酪粉 4 湯匙 • 原味優格 2 湯匙

已融化奶油 2 湯匙 • 切成粗末備用的香芹 1 小把

預熱烤箱至 220℃。在烤盤上鋪一張烘焙紙，把塊根芹放至烤盤上，撒上百里香，澆淋 1 湯匙油，放入烤箱烘烤 40 分鐘。

用剩餘的油香煎洋蔥末 2 分鐘。加入蘋果，續煎 1 分鐘。

放入月桂葉、小扁豆、大麥與白酒。加水與扁豆大麥食材等高，煮至沸騰，再以微滾火候續煮 25 分鐘。

將蛋黃、黃芥末籽醬、帕馬森乳酪粉與優格攪拌均勻。

把烤好的塊根芹、已融化奶油和上述香料優格醬混合拌勻。

再將奶油優格塊根芹拌入燉飯中，撒上香芹細末即可上桌！

甜椒餡餅

4 人份 — 製作時間 55 分鐘

食材

對半剖開、去籽的紅甜椒 2 顆 • 煮熟的勒皮扁豆 100 公克

蒜末 1 瓣量 • 切成細末備用的油漬鯷魚 2 條

剝成小塊備用的菲達乳酪 50 公克 • 去籽、壓碎切小塊備用的中型番茄 2 顆

鹽與胡椒 • 羅勒葉 1 把 • 橄欖油 2 湯匙

每份含
4,1 g
蛋白質

預熱烤箱至 200℃。在每半顆的甜椒裡倒入 2 湯匙的小扁豆，把蒜末平均分配放至甜椒裡，再放入半條鯷魚，加上菲達乳酪和番茄塊。加鹽與胡椒。
用鋁箔紙覆蓋甜椒，放入烤箱烘烤 25 分鐘後，取下鋁箔紙，續烤 15 分鐘。
用食物調理機研磨羅勒葉與橄欖油 1 分鐘。
在甜椒上淋些許羅勒風味橄欖油，即可上桌享用囉！

金黃豆糊

4 人份 — 製作時間 45 分鐘

食材

黃芥末籽 2 茶匙 ● 橄欖油 1 湯匙

乾燥辣椒碎片 1 茶匙 ● 葫蘆巴籽 ¼ 茶匙

薑黃葉 8 片 ● 切成細末備用的紫洋蔥 1 小顆

5 公分長、去皮、磨泥備用的生薑 1 塊 ● 蒜泥 2 瓣量

壓扁切小塊備用的番茄 1 顆 ● 菠菜嫩葉 300 公克

切成細末備用的芫荽（香菜）1 小把

豆糊：黃色小豌豆 200 公克 ● 薑黃粉半茶匙

5 公分長、去皮、磨泥備用的生薑 1 塊 ● 鹽與胡椒

製作豆糊：把小豌豆、500 c.c. 的水、薑黃粉與薑泥放入湯鍋中，煮至沸騰，再以微滾火候續煮 25 分鐘；烹煮後加鹽與胡椒。

用油爆香黃芥末籽，直到芥末籽爆開。

加入辣椒碎片、葫蘆巴籽、薑黃葉，繼續油煎 20 秒。

放入洋蔥末、薑泥與蒜泥，續煎 1 分鐘。

放入番茄與菠菜葉，續煮 2 分鐘。

將所有食材拌入豆糊中，撒上芫荽細末，即可上菜！

蔬食串燒

2 人份 — 製作時間 | 小時 20 分鐘，浸泡時間 30 分鐘

食材

切成小塊備用的櫛瓜 1 根 • 切成小塊備用的茄子 1 顆
切成小塊備用的紅甜椒 1 顆 • 切成 4 瓣備用的紫洋蔥 1 顆
櫻桃番茄 8 顆 • 橄欖油澆淋用量 • 鹽與胡椒
布格麥 100 公克 • 藜麥 100 公克
烤松子 50 公克 • 切成粗末備用的香芹 1 把

───────────

青醬：去皮膜、烤過的杏仁 50 公克 • 大蒜 3 瓣
特級初榨橄欖油 125 c.c. • 花生油 125 公克
薄荷葉 70 公克 • 香芹葉 30 公克
蜂蜜 2 茶匙 • 黃檸檬汁半顆份量

浸泡 8 根竹籤至少 30 分鐘。

將蔬菜食材叉在竹籤上，淋上些許橄欖油，加鹽與胡椒。

把蔬菜串放至已預熱的燒烤架上或熱烤肉架上燒烤 15 分鐘。

用 100c.c. 滾水淹沒布格麥，浸泡 20 分鐘，讓布格麥膨脹。

將藜麥放入平底湯鍋中，注入 200 c.c. 冷水，蓋上鍋蓋烹煮 15 分鐘後瀝乾水分。

把布格麥、藜麥、烤松子、香芹、鹽與胡椒混合拌勻，再淋上些許橄欖油。

以食物調理機研磨攪打青醬食材 1 分鐘。

先用布格麥鋪盤底，再擺上蔬菜串，佐以青醬，即可上桌。

甜點

用充滿創意的小紅豆做出的巧克力布朗尼
無敵好吃！
毫無罪惡感地享用甜甜的蛋白質吧，因為
它們對您的健康很有益處呦！

鷹嘴豆巧克力蛋糕 ● 超勁量松露球

司康 ● 莓果藜麥糊 ● 超級馬芬

格子鬆餅 ● 藍蛋白奶昔 ● 豆腐風味法式土司

輕糖巧克力冰淇淋 ● 杏仁酥餅

無敵布朗尼

鷹嘴豆巧克力蛋糕

8 至 10 人份 — 製作時間 1 小時 10 分鐘

食材

剝成小塊備用的黑巧克力（可可含量 70%）200 公克

已過篩的冰糖 150 公克 • 已軟化的無鹽奶油 150 公克

罐頭裝、瀝乾水分後洗淨的鷹嘴豆 400 公克

蛋白與蛋黃分離備用的中型蛋 3 顆

可可粉撒飾用量與開心果碎粒

預熱烤箱至 190℃。在可拆式模底蛋糕模內部鋪上一層烘焙紙。

將巧克力放入耐熱容器中，放至微滾火候的水鍋上方，以隔水加熱的方式加以融化，攪拌後，放置降溫。

研磨拌打糖、奶油和鷹嘴豆，直到食材變成濃稠麵糊，加入蛋黃，加以拌打，放入巧克力醬拌勻。

把蛋白打發成紮實的雪霜狀。

將蛋白雪霜拌入巧克力麵糊中，再倒入蛋糕模，放入烤箱烘烤 35 分鐘；放涼。

上桌前，再撒上開心果碎粒與可可粉。

超勁量松露球

約 12 小球 — 製作時間 1 小時 15 分鐘，靜置時間 5 小時

食材
乾燥小紅豆 115 公克 • 美洲山核桃 75 公克
帝王椰棗 6 顆 • 可可粉 ¼ 茶匙
楓糖 1 茶匙 • 香草精 ¼ 茶匙 • 鹽 ¼ 茶匙
切成細粒用、含 1 茶匙鹽的腰果 140 公克

浸泡小紅豆4小時，瀝乾水分。

放入滾水中烹煮1小時。瀝乾水分後，放涼至微溫。

將小紅豆、核桃仁、椰棗、可可粉、楓糖、香草精與鹽混合研磨攪打，直到食材變成光滑麵糰。若麵糰太過乾燥，可加少許的水加以濕潤。

取1湯匙量的麵糰，塑成小球狀，以同樣方式製作12顆小球。

將小麵糰球放至鹽味腰果碎粒上滾動，靜置1小時。

司康

12 顆 — 製作時間 30 分鐘

食材

麵粉 130 公克 • 藜麥粉 130 公克 • 糖粉 40 公克

鹽 1 茶匙 • 泡打粉 1 茶匙半

小蘇打粉半茶匙 • 切成小塊備用的無鹽奶油 115 公克

橙皮細絲 2 茶匙 • 切成細末備用的椰棗 50 公克

白脫牛奶（或酪漿）120 c.c. + 塗抹用量

烤箱預熱至 220℃。在烤盤上鋪一層烘焙紙。

將乾料食材過篩,然後拌入奶油,拌成麵包粉質地。

將橙皮絲與椰棗末混入粉材中。加入白脫牛奶,拌揉至粉材黏結成糰。

將麵糰放至已撒麵粉的砧板上,用擀麵棍擀成 2 公分厚度的麵皮。

藉助直徑 5 公分的小圓模,切出 12 個司康麵皮。

把司康放至烤盤上,略抹些白脫牛奶,放入烤箱烘烤 12 分鐘,直到司康變得金黃。

放至烘焙烤架上降溫。

莓果藜麥糊

4 人份 — 製作時間 25 分鐘

食材

杏仁奶 240 c.c. • 紅藜麥或白藜麥 190 公克

桑葚 140 公克 • 藍莓 140 公克

肉桂粉半茶匙

蜂蜜 4 茶匙

已烤過、切成粗粒的美洲山核桃 40 公克

將杏仁奶、240 c.c. 水與藜麥煮至沸騰，再以微滾火候續煮 15 分鐘，直到藜麥
幾乎吸完水分。

將湯鍋離火，靜置 5 分鐘。

將莓果、肉桂粉與蜂蜜拌入藜麥中。

撒上核桃碎粒。

超級馬芬

10 個馬芬 — 製作時間 50 分鐘

食材

無鹽奶油 150 公克 • 去籽、切成小丁備用的大蘋果 2 至 3 顆

肉桂粉 1 茶匙 • 薑粉半茶匙

肉豆蔻粉半茶匙 • 二砂糖 110 公克

全蛋 1 顆 • 香草精半茶匙 • 鹽 1 小撮

泡打粉 1 茶匙 • 煮熟且放涼的藜麥 185 公克

麵粉 160 公克 • 牛奶 60c.c. • 切成碎粒備用的核桃仁 40 公克

預熱烤箱至 190℃。將馬芬烤模上油。

用平底煎鍋加熱 2 湯匙奶油，放入蘋果丁與香料食材，充分翻炒，讓蘋果丁完全裹上奶油，繼續油煎，讓蘋果變軟。

將剩餘未用的奶油與糖一起拌打，直到奶油變成輕爽乳狀。

放入全蛋，拌打成乳白色慕斯。一邊拌打，一邊加入香草精、鹽與泡打粉。

放入蘋果丁、藜麥、麵粉與牛奶，加以攪拌。

把麵糊平均倒入馬芬烤模中，將核桃細粒放至麵糊上，進烤箱烘烤 25 分鐘。

留置馬芬於烤模中 5 分鐘，等待降溫。

脫模後，將馬芬置於烘焙烤架上，等待完全降溫。

格子鬆餅

4 人份 — 製作時間 35 分鐘

食材

全麥麵粉 175 公克 • 裸麥麵粉 140 公克

二砂糖 2 湯匙 • 鹽 1 茶匙

泡打粉 1 湯匙 • 豆漿 430 c.c.

香草精 1 湯匙

略微拌打備用的全蛋 2 顆 • 已融化奶油 4 湯匙

橙皮刨絲半顆份量 • 切成細粒備用的美洲山核桃 50 公克＋撒飾用量

草莓 100 公克 • 原味優格 100 c.c.

混合麵粉、糖、鹽與泡打粉。加入牛奶、香草精、蛋與奶油，小心攪拌。

放入橙皮細絲與美洲山核桃細粒拌勻。

將 120 c.c. 麵糊倒入鬆餅機中，依照說明書指示的烤製時間烘烤。

鬆餅烤製完成後，擺上草莓、剩餘的核桃碎粒與優格一起享用。

藍蛋白奶昔

1 份 — 製作時間 5 分鐘

食材

藍莓 75 公克 • 薄荷葉 1 小把

無糖杏仁奶 150 c.c. • 嫩豆腐 60 公克

蜂蜜半茶匙

將所有食材放入食物調理機中研磨攪打約 1 分鐘。

若您偏好更甜的口味，可加點兒蜂蜜。

豆腐風味法式土司

2 人份 — 製作時間 25 分鐘

食材

嫩豆腐 115 公克 • 豆漿 30 c.c. • 香草精半茶匙
肉桂粉半茶匙 • 布里歐奶油麵包 4 片
對角斜切薄片備用的香蕉 1 根 • 無鹽奶油 2 湯匙
冰糖撒飾用量 • 楓糖佐餐用量

每份含
6.6 g
蛋白質

將豆腐、豆漿、香草精、肉桂粉與 30 c.c. 的水放入食物調理機中，研磨攪打約
1 分鐘後，倒入一只深盤。

用麵包片夾起香蕉片，做成兩塊三明治。

把三明治分別放入豆腐漿中，每一面浸泡 30 秒。

用平底煎鍋加熱奶油香煎三明治，每一面煎約 4 分鐘，讓三明治表面呈金黃色。
以同樣步驟料理另一塊三明治。

再把三明治切成兩塊，撒點兒冰糖，佐楓糖一起上桌。

輕糖巧克力冰淇淋

4 人份 — 製作時間 1 小時 10 分鐘，冷藏時間 1 小時

食材

豆漿 490 c.c. • 可可粉 35 公克

剁成小塊備用的黑巧克力（可可含量 70% 以上）60 公克

蛋黃 4 大顆 • 糖粉 180 公克 • 香草精 ¾ 茶匙

切成小方塊的糖漬薑片 50 公克

糖漬薑汁 1 湯匙

以文火加熱豆漿與可可粉,直到沸騰。

放入巧克力,將湯鍋離火,拌打至巧克力完全溶化。

把糖加入蛋黃中,加以拌打;加入熱巧克力豆漿,持續拌打,將香草精、小薑塊與糖漬薑汁加入巧克力漿中,再一起倒入湯鍋,以中火加熱至 79℃。把湯鍋留置火上 25 秒。

將巧克力漿加以過濾,放涼。再置入冰箱冷藏 1 小時。

然後倒入冰淇淋製造機中離心攪拌 30 至 40 分鐘。

杏仁酥餅

15 塊酥餅 — 製作時間 35 分鐘

食材
麵粉 140 公克 • 小豆蔻粉 1 茶匙
鹽半茶匙 • 泡打粉 ¼ 茶匙
全蛋 2 大顆 • 糖粉 135 公克
杏仁粉 75 公克 • 完整杏仁 15 顆

烤箱預熱至 180℃。在烤盤鋪上烘焙紙。

將麵粉、小豆蔻粉、鹽與泡打粉過篩，放入一只沙拉盆中。

把糖加入蛋中，加以拌打成輕爽乳狀。再把已過篩的粉類食材加入蛋汁中，並
加入杏仁粉，拌揉成麵糰。取一小塊麵糰，塑成直徑 2.5 公分的小球狀，再略
微壓扁。將整顆杏仁壓入麵餅中央。重複上述步驟製作麵餅，直到麵糰用完。

將完成的麵餅置入烤箱，烘烤 12 分鐘。放至烘焙烤架上降溫。

無敵布朗尼

12 至 16 顆布朗尼 — 製作時間 35 分鐘

食材

罐頭裝、瀝乾水分的小紅豆 400 公克 • 二砂糖 85 公克

可可粉 30 公克 • 植物油 7 湯匙

鹽 ¼ 茶匙 • 中型蛋 2 顆

剁成小塊備用的黑巧克力 8 方塊

剁成兩半的核桃仁 50 公克

烤箱預熱至 180℃。將烘焙紙鋪在一個邊長 20 公分的正方形蛋糕模中。

除了巧克力與核桃仁之外,將全部的食材研磨攪打 1 分鐘。

拌入核桃仁與巧克力,把食材倒入蛋糕模中。

放入烤箱,烘烤 20 至 25 分鐘後,放至烤架上降溫,直到布朗尼呈現入口即化的質地。

專用術語

氨基酸：多種有機化合物，其組合構成蛋白質。

必需氨基酸：此類氨基酸，無法由身體組織生成，因此必須從飲食中獲得。其總共有九種：組胺酸（histidine）、異白胺酸（isoleucine）、白胺酸（leucine）、賴胺酸（lysine）、甲硫胺酸（méthionine）、苯丙胺酸（phénylalanine）、蘇胺酸（thréonine）、色胺酸（tryptophan）、纈胺酸（valine）。

非必需氨基酸：這類氨基酸可經由身體製造，包括：丙胺酸（alanine）、天門冬醯胺（asparagine）、天門冬胺酸（acide aspartique）與麩胺酸（acide glutamique）。

抗氧化物：可預防或延緩某類型細胞衰老的天然或人工物質。能從許多食物中取得，包含水果與蔬菜。

植化素：這是由蔬菜食物所提供有益健康的營養素，有助於預防癌症發生。

酶：可引起身體所有部位特殊化學調節反應的複合蛋白質。

升糖指數（IG）：評估某種食物的碳水化合物（糖類）含量影響血糖上升的指標。高 IG 食物比低 IG 或中 IG 食物更會造成血液中的含糖值嚴重升高。肉類與脂肪沒有升糖指數，因為這些食物不含糖類。

蛋白質：這是生命與每個身體細胞所含的基本成分；一種蛋白質的基本結構是一條長長的氨基酸鏈。

動物性蛋白質：源自於動物的蛋白質，例如：肉類、乳製品、魚和蛋。

植物性蛋白質：由完整穀類、小扁豆、豆類、黃豆、核桃與堅果所提供的蛋白質。

索引

※ 黑體字為食譜名稱

圖解植物系高蛋白能量食譜

看圖備料美味速成，**66**種取代肉類，高纖、營養、抗氧化的均衡蔬食提案

原文書名	Les Bible des Protéines Vertes
作　　者	Fern Green 斐恩·格林
譯　　者	林雅芬
特約編輯	連秋香

總 編 輯	王秀婷
責任編輯	王秀婷
編輯助理	梁容禎
行銷業務	黃明雪、林佳穎
版　　權	徐昉驊
發 行 人	凃玉雲

出　　版　積木文化
　　　　　104台北市民生東路二段141號5樓
　　　　　電話：(02) 2500-7696｜傳真：(02) 2500-1953
　　　　　官網：www.cubepress.com.tw
　　　　　讀者服務信箱：service_cube@hmg.com.tw

發　　行　英屬蓋曼群島商家庭傳媒股份有限公司城邦分公司
　　　　　台北市民生東路二段141號11樓
　　　　　讀者服務專線：(02)25007718~9｜24小時傳真專線：(02)25001990-1
　　　　　服務時間：週一至週五09:30-12:00、13:30-17:00
　　　　　郵撥：19863813｜戶名：書虫股份有限公司
　　　　　網站：城邦讀書花園｜網址：www.cite.com.tw

香港發行所　城邦（香港）出版集團有限公司
　　　　　　香港灣仔駱克道193號東超商業中心1樓
　　　　　　電話：+852-25086231｜傳真：+852-25789337
　　　　　　電子信箱：hkcite@biznetvigator.com
馬新發行所　城邦（馬新）出版集團Cité (M) Sdn. Bhd
　　　　　　41, Jalan Radin Anum, Bandar Baru Sri Petaling, 57000 Kuala Lumpur, Malaysia.
　　　　　　電話：603-90563833｜傳真：603-90566622
　　　　　　電子信箱：cite@cite.com.my

封面設計、內頁排版　張倚禎
製版印刷　　上晴彩色印刷製版有限公司

國家圖書館出版品預行編目（CIP）資料

圖解植物系高蛋白能量食譜：看圖備料美味速成,66種取代肉類,高纖、營養、抗氧化的均衡蔬食提案/斐恩.格林 (Fern Green)著；林雅芬譯.--初版.--臺北市：積木文化出版：英屬蓋曼群島商家庭傳媒股份有限公司城邦分公司發行, 2021.04

面；　公分

譯自：La Bible des Protéines Vertes.

ISBN 978-986-459-297-5(平裝)

1.素食食譜 2.健康飲食

427.31　　　　　　　　110006039

2021年4月29日 初版一刷
定價 360 元
ISBN 978-986-459-297-5

Printed in Taiwan
版權所有，翻印必究